交通安全知识画册

U0381669

厦门诺熙文化传播有限公司　编

中国电力出版社
CHINA ELECTRIC POWER PRESS

内 容 简 介

本书用漫画的形式全面、深入地讲解了交通安全的各个注意事项，内容包括行车基本注意事项、不同路况行车技巧、特殊天气行车常识、安全出行 4 部分。

本书知识点讲解细致、漫画生动形象，非常适合作为交通安全宣贯手册，也可供广大车友阅读参考。

图书在版编目（CIP）数据

交通安全漫画手册 / 厦门诺熙文化传播有限公司编 . —北京：中国电力出版社，2018.4
（2019.6 重印）

ISBN 978-7-5198-1712-1

Ⅰ．①交… Ⅱ．①厦… Ⅲ．①交通安全教育—普及读物 Ⅳ．① TN951-49

中国版本图书馆 CIP 数据核字（2018）第 015948 号

出版发行：中国电力出版社
地　　址：北京市东城区北京站西街 19 号（邮政编码 100005）
网　　址：http://www.cepp.sgcc.com.cn
责任编辑：马首鳌　010-63412396
责任校对：王小鹏
装帧设计：王英磊
责任印制：杨晓东

印　　刷：北京博海升彩色印刷有限公司
版　　次：2018 年 4 月第一版
印　　次：2019 年 6 月北京第三次印刷
开　　本：880 毫米 ×1230 毫米　24 开本
印　　张：2
字　　数：54 千字
印　　数：9001—12000 册
定　　价：15.00 元

编 委 会

主　编：陈湘媛

副主编：曾红艳　曹卉颖　马峰花

编　委：朱　琪　刘　洋　孙　莹

　　　　姜亚慧　郑周红　文琳杰

　　　　陈新玲　董长久　修乐天

设　计：蔡自在

前　言

　　随着社会经济发展水平的不断提高，道路上的车辆不断增多，交通事故频频发生。数据表明，每 5 分钟就有 1 人丧生于车祸，每 1 分钟都会有 1 人因交通事故而伤残。每年因交通事故所造成的经济损失高达数百亿元。因交通事故致死或致残，意味着一个家庭幸福的失落。交通安全法规是用亲人的泪水，死者的血泊，伤者的呻吟和肇事者的悔恨换来的。我们不能为了赶时间或缺乏耐性、贪图方便，而不遵守交通规则。为了您的人身安全请自觉遵守交通规则，谨慎驾驶。

　　交通中的要素是人、车、路、环境与管理。其中人是主要因素，80% 以上的事故责任在于驾驶人员。因此预防交通事故的重点在提升驾驶人员安全意识和驾驶技能，同时加强对驾驶者自身的防护。本漫画册由厦门诺熙文化传播有限公司编写，书中以漫画形式详细介绍了交通安全知识的方方面面，生动风趣，寓教于乐。希望本书能为增加全民的交通安全知识，减少交通事故的发生出一份力。在此祝愿大家出入平安，阖家幸福！

　　由于编者水平有限，时间紧迫，书中如有疏漏和不足之处，敬请批评指正。

编　者

2017 年 6 月

目　录

1. 驾驶座椅调整好，高度距离很重要

　　座椅调整不恰当，往往会导致驾驶员视线不好，影响正常驾驶。最佳的座椅状态是当驾驶员肩部自然向后靠时，双臂伸直后手腕处应该正好能搭在方向盘上，这样可以有效地转动方向盘，并且便于查看公里、时速、油量等行驶信息。

交通安全漫画手册

2. 上车系上安全带，文明出行防意外

　　正确佩戴安全带，可以在发生碰撞时使驾乘人员不与方向盘、挡风玻璃等物品发生二次撞击，防止驾乘人员被抛出车外。据统计，在一次可能导致死亡的车祸中，安全带的正确使用可使车内人员生还的概率提高 60%。

　　驾驶机动车在高速路或城市快速路上行驶不系安全带扣 2 分。

3. 车动之前先鸣笛，不可着急加速驶

　　汽车起步前要先鸣笛并打开左转向灯提示周围行人和来车，鸣笛 5 秒后再起步，以便给周围人员有足够的避让时间，通过后视镜观察左后方无来车时，再向道路中央行驶。车辆刚起步上路，不要急着加速行驶，既伤车、费油，又不安全，同时又会使车内乘员不舒服。

交通安全漫画手册

4. 倒车切忌太莽撞，注意行人和路障

　　汽车倒车时，由于操作习惯、观察视野和作业盲区同车辆前进时有较大变化，操作难度增大，而且行人可能突然出现。所以倒车前应先鸣喇叭示意，利用后视镜观察车后情况，再缓慢起步，行进速度应保持在人正常步行速度。倒车过程中要留有余地，一旦出现险情立即停车。

5. 转弯提前望一望，需防周围有车辆

　　汽车转弯时，应根据道路和交通情况，在弯道前 50 m ~ 10 m 处提前打开转向灯，并鸣喇叭示意周围车辆和行人，转弯时要注意路旁的行人和后方突然蹿出的非机动车，一旦被后方非机动车追尾，汽车也应承担相应的责任。转过弯道后，应及时解除转弯信号。

6. 掉头行驶要注意，禁令标志看仔细

　　在允许掉头的路段或路口掉头时，应提前打开左转向灯，在不影响其他车辆正常行驶的情况下，严格控制车速，认真观察道路上的交通动态，按交通标志的指向完成掉头。严禁在人行横道线、铁路道口、窄路、弯路、陡坡、桥梁、隧道、高速公路行车道以及设有禁止掉头标志的地点掉头。

　　驾驶机动车违反禁令标志、禁止标线指示的，扣 3 分。

7. 制动保持预见性，刹车紧急出险情

　　行车中状况复杂多变，随时都有意想不到的事情发生。无论采取何种方法制动，前提都是要建立在对刹车距离的准确判断上。驾驶汽车时应保持适当的车速和车距，尽量使用预见性制动，避免紧急制动。在狭窄弯道或雨、冰雪、泥泞等路面行驶时，若制动过急，容易使车轮抱死，引发侧滑或倾翻等交通事故。

8. 两车相会讲礼貌，礼让三先要做到

　　会车应做到"先让、先慢、先停"的礼让三先。应提前关闭远光灯改用近光灯，避免对面来车因灯光刺眼而影响视线，并降低车速。当会车有困难时，有让路条件的一方让对方先行；禁止在窄桥、窄路、隧道、急转弯等危险地点会车，若在这些地段遇有来车，应正确控制车速，避开复杂危险路段会车。

　　驾驶机动车不按规定会车的，扣 1 分。

9. 超车鸣号先示意，禁超路段需注意

　　超车应选择平直宽阔、视线良好、左右均无障碍且前方路段 150m 范围内没有来车的路段。超车时，应先打开左转向灯，提前鸣笛向前后车辆示意。在超车过程中，如发现前方有影响安全超车的情况，应迅速终止超车。盲目超车，极有可能与前方来车相撞或被后方来车追尾。

　　驾驶机动车不按规定超车、让行的，或者逆向行驶的，扣 3 分。

10. 车辆不得随意放，选择地点要适当

　　汽车不得在设有禁停标志、标线的路段停车，不得在机动车道与非机动车道、人行道之间设有隔离设施的路面以及人行横道、施工路段等处停车。临时随处停车，不仅对交通环境造成影响，还将会面临罚单，一旦发生意外将承担相应的责任。

　　不按规定停放机动车，处 20~200 元罚金。

11. 各个灯光用途异，开启时间要适宜

　　在光线较暗时，应打开示廓灯用以提示过往的汽车、行人本车所占道路的宽度；如遇对面来车时，应关闭远光灯改用近光灯；夜间通过弯路，驼峰路等视线盲区时，用转换远、近光灯的方法，提醒盲区行人、车做好避让准备。不合理地使用灯光将威胁到自己和他人的人身安全。

　　驾驶机动车不按规定使用灯光的，扣 1 分。

交通安全漫画手册

12. 人员超载属违章，文明乘坐有保障

　　家用轿车一般荷载五人，只要怀中多抱一个小孩，都算超载。超载不仅对车辆的转向性能造成影响，易因转向失控而导致事故，还使刹车性能大大降低，在某种程度上导致或者加重事故。一旦发生事故，超载的一方将承担大部分的责任。

　　载客超过额定乘员的，处二百元以上五百元以下罚款。

　　超过额定乘员百分之二十或者违反规定载货的，处五百元以上二千元以下罚款。

13. 车辆载物有条例，货物超载是大忌

　　机动车载物应当符合核定的载质量，严禁超载；超载会使轮胎负荷过重、变形过大而引起爆胎、突然偏驶、制动失灵、翻车等事故。行车时应尽量避免使用紧急制动，以防物资移位和倾翻，甚至损坏车辆。行车中应加强对车辆和装载物资的途中检查，发现问题及时处理。

　　驾驶货车载物超过核定载质量达 30% 的，扣 6 分。

　　驾驶货车载物超过核定载质量未达 30% 的，扣 3 分。

1. 十字路口事故频，黄灯注意红灯停

　　汽车进入十字路口前应注意进入导向车道（不得在进入实线路段后变更车道），观察路口交通信号灯，服从指挥，不能抢黄灯信号通过。黄灯时强行进入路口，不仅容易造成十字路口堵死，而且极易发生事故，更不能在红灯时突然加速强行通过。

　　驾驶机动车违反道路交通信号灯通行的，扣 6 分。

2. 市区行人来匆匆，停车礼让更畅通

　　在市区道路上行车时，要严格按照交通信号灯、交通标志和交通标线的规定行驶，同时密切注意车辆和行人的动态，准确判断并适时处理各种交通情况。当机动车行经没有交通灯的人行横道时，应减速行驶；遇行人正在通过人行横道时，应停车礼让。

　　驾驶机动车行经人行横道，不按规定减速、停车、避让行人的，扣3分。

3. 应急车道作用大，擅自进入要处罚

　　应急车道主要在城市环线、快速路及高速路两侧施划，专门供工程救险、消防救援、医疗救护或民警执行紧急公务等处理应急事务的车辆使用，禁止任何社会车辆驶入或者以各种理由在车道内停留。如果确实遇到故障等无法解决的问题，应将车停在紧急停靠带内，开启危险报警闪光灯，并在车后方 150 米处摆放警告标志。

　　违法占用应急车道行驶的，扣 6 分。

諾熙一号隧道

4. 驶入隧道前灯照，出口鸣笛准备好

　　驶入隧道前，应注意观察指示标志和限制标志，并打开前照灯，一是为照明，二是为了提示对方以便做出避让；进入隧道时，由于视觉存在明暗适应的变化，应减速慢行；驶出隧道应注意隧道出口处两侧的视线盲区，为了预防出现行人、牲畜等情况，应在出口前及时鸣笛并做好停车的准备。

　　驾驶机动车违反禁令标志、禁止标线指示的，扣 3 分。

5. 漫水道路难看透，平静水面危险多

　　遇到漫水路时，应首先停车，向当地人询问，了解水的情况，必要时可下水，步行探明水的流速、流向、深度和水底的坚实情况，以确定能否通过。用低速挡通过漫水路段，通过时要稳住加速踏板，按事先探明的路线前进。汽车最大涉水深度一般不超过车辆的前保险杠。

6. 山路处处有险情，恶劣天气谨慎行

　　前往山路前应收听当地气象预报以提前做好准备，确定行车方案。遇到恶劣天气，应当以人员、物资、车辆的安全为前提确定行车计划。如遇到暴风雨，浓雾时，应驶向附近的有食宿的地点或就地停车等待，不可冒险行进，更不得待在山顶、山脚或泄洪地段，以防雷电、飓风、山洪、塌方和滑坡。

7. 路遇桥梁看标志，减速观察慢行驶

过桥时要注意观察路边的交通标志，尤其是限高、限重的限制标志。由于桥梁承载能力较低，为了起到保护道路、桥梁，保障行车安全的作用，对重载汽车限高和限重。

8.泥泞行车易深陷，查看路况再考量

　　在驶入泥泞、翻浆道路前，应先停车查看，并选择路基较坚硬、泥泞较浅的路线行驶。已有车辙的路面，就尽量循车辙行驶。一旦陷入泥泞后，切忌踩油门，否则只会让车子越陷越深。应缓缓将车倒出，然后调整方向另选路线通过。如若进退不能时，应先停车，再想办法。

9. 曲狭缓行常鸣笛，盲区情况多留意

　　在山间曲狭道路上行驶，行车速度不可过快，一般最高车速不应超过 20km/h，在视线不良的地区应多鸣笛，并注意对面来车。夜间时，也可切换远近光灯提醒盲区来车，避免与在盲区的来车突然交会导致反应不急而发生事故。一旦盲区有车鸣笛示意，应立即减速靠右行驶或停车让行。

10. 草原情况多预防，行前规划少麻烦

　　车辆行驶到高原时也会有高原反应，跟人一样都会因为气压降低含氧量降低而产生不适。在高原地区行车，因空气密度小，储气筒内的气压下降，制动效能减弱，容易引起刹车失灵，因此要随时注意制动器的工作效能，慎用行车制动器，发现异常应立即停车检查。

11. 高原行车易疲乏，汽车状况常检查

　　车辆行驶到高原时也会有高原反应，跟人一样都会因为气压降低含氧量降低而产生不适。在高原地区行车，因空气密度小，储气筒内的气压下降，制动效能减弱，容易引起刹车失灵，因此要随时注意制动器的工作效能，慎用行车制动器，发现异常应立即停车检查。

12. 乡村车马行人往，减速礼让切莫忘

　　乡村道路上坑洼碎石较多，应考虑车辆的离地间隙。在通过松软、泥泞、积水路段时，应谨慎慢行。乡村道路相对狭窄，行人往来频繁，还有牲畜挡路，驾车临近牲畜时切勿鸣笛或突然加速，容易使牲畜受惊失控，从而引发事故，应减速缓慢通过或停车避让。

一、行车基本注意事项

二、不同路况行车技巧

三、特殊天气行车常识

四、安全出行

1. 高温天气危险起，汽车性能需留意

　　高温天气容易让人疲惫，应该注意休息，多喝水避免中暑。同时，高温气候条件下出车前应认真检查汽车，行驶中当发现胎温、胎压过高时，应选择荫凉处停歇，待胎温恢复正常，不可用放气或浇水降温，这样会使轮胎产生裂纹和变形，缩短轮胎使用寿命甚至引发交通事故。若行驶中突遇爆胎，应当握稳转向盘，缓缓平稳地停车。

2. 雨天行车切莫急，集中精力多注意

　　雨天行车要集中精力，遇到暴雨时，落到玻璃上的雨水来不及刮去会严重影响视线，驾驶人应开启示宽灯、报警灯，以提示前后来车注意。时刻注意来往行人，减缓车速以保证有充分预见观察的时间，切不可急转转向盘或紧急制动，否则容易引起侧滑或轮胎抱死等从而引发事故。如遇特大暴雨，影响正常驾驶时，建议您在不影响他人的情况下，把车停靠路边，并开警示灯以作提醒。

3. 大雾天能见度低，靠边停车是第一

　　雾天驾车应注意避免开前照灯行驶，强光照在雾上会引起散射，造成视距缩短从而影响视线。当能见度过低时，应及时选择安全地点靠边停车，并打开危险警报灯以提醒前后来车。减速或停车时不可过急，防止尾随汽车措手不及而相撞，待浓雾散去后再继续行驶。

4. 风沙漫天遮蔽眼，车门玻璃要关严

　　风沙天行车要注意防尘，应把车门玻璃关严密，将驾驶室里的循环空气设置为内循环，以保持驾驶室的封闭。在大风伴有扬沙时，光线不足，能见度降低，此时应开启示宽灯、尾灯，必要时可开启雾灯或危险警报灯以避免前后来车因视线不清而相撞，并注意降低车速，多鸣笛。

5. 冰雪路面易侧滑，安全转弯多观察

在冰雪地区行车，必须携带防滑链、三角木、绳索、铁锹等防滑物品和必要的防寒用品，车速不超过30km/h，特别是在转弯或下坡时，必须将车速控制在能随时停车为宜。转弯时，应降低车速，缓打方向避免转弯过猛造成侧滑，在不影响对面来车的情况下，尽量加大转弯半径。

6. 冰河路面易深陷，行前勘察再思量

　　通过冰河前应先勘察冰层厚度和强度，在冰河中不影响行车安全的地点凿孔测量。应选择冰层与河岸高度过渡平缓的地方行车，防止汽车驶向冰层时产生对冰层较大的冲击力，从而破坏冰层发生危险；当车辆轮胎打滑陷入冰河时，不要盲目猛踩加速踏板，以免越陷越深。

1. 新手上路手脚忙，降低车速莫惊慌

　　新手驾车上路前应熟记车上各种功能按键与道路标志，最初上路最好有人陪同，一旦驾驶中出现什么差错便可得到及时的提醒和帮助。面对飞来驰去的车流和纵横交错的道路，很多新手会手足无措，其实只要遵守交通规则保持谨慎慢行就没有问题。

　　未携带行驶证、驾驶证，扣 1 分。

2. 行车务必要专心，拒绝手机不分心

　　行车安全很大程度上取决于驾驶人的态度和习惯，预防交通事故先从养成良好的预防习惯做起。据公安部统计，68% 的司机有过边开车边打电话的行为，打电话分散了驾驶人的注意力，降低了反应力，视野范围缩小近一半，开车时打电话的事故风险是正常情况下的 4 倍。

　　驾驶机动车有拨打、接听手持电话等妨碍安全驾驶行为的，一次记 2 分。

3. 疲劳驾车有险情，劳逸结合谨慎行

　　长时间连续行车或驾驶人睡眠不足，很容易出现疲劳，使驾驶人四肢无力，困倦瞌睡而注意力不集中，判断能力下降，甚至出现精神恍惚或瞬间记忆消失，导致驾驶动作迟误或过早，操作停顿或修正时间不当等不安全因素，极易发生交通事故。

　　连续驾驶普通机动车超过 4 小时未停车休息或者停车休息时间少于 20 分钟，扣 6 分。

4. 酒后驾驶危害大，神经麻痹事故发

　　有些人饮酒后抱着侥幸心理继续开车，其实都是拿生命开玩笑，当酒精在人体血液内达到一定浓度时，会出现中枢神经麻痹、视力下降、注意力不集中、身体平衡感减弱等状况，人对外界的反应能力及控制能力就会下降。血液中酒精含量越高，发生交通事故的概率越大。

　　饮酒后驾驶营运机动车的，处十五日拘留，并处五千元罚款，吊销机动车驾驶证，五年内不得重新取得机动车驾驶证。

5. 危险时段莫着急，合理休息是必须

　　上午11时~下午1时，经过上午的劳累，人的大脑神经已趋疲劳，加上有的司机空腹赶路，极易发生意外。下午5时~7时，光线由阴转暗，司机容易出现视觉障碍，导致判断失误。凌晨1时~凌晨3时，万物处于"休眠状态"，驾驶员容易产生道路"空旷"的感觉，结果常有长途驾驶员把车撞到路边还浑然不觉。

6. 高跟拖鞋虽清爽，油门刹车分不清

　　穿着拖鞋或高跟鞋开车是很危险的，在发生紧急情况的时候，如果踩油门或刹车时拖鞋不跟脚，很有可能延误刹车时机，造成交通事故。在图方便图清爽的同时，请一定要先把安全落到实处。

7. 突遇抛锚要远离，警示标志来示意

　　机动车突然抛锚应迅速将车移至公路右边允许临时停车的地方，打开危险警告灯以示意过往车辆注意减速避让，并在离车后至少 50m 远的地方摆放一个三角危险警告牌。若是高速公路，距离至少是 150m。

　　车辆在道路上发生故障、事故停车后，不按规定使用灯光和设置警告标志的，扣 3 分。